NIANDU JIAZHUANG HAO SHEJI

明明白白做预算 轻轻松松选材料

年度家装好设计

锐扬图书/编

贴近生活的好家装 为生活服务的好设计

餐厅 玄关走廊 隔断设计

U0332942

海峡出版发行集团
THE STRAITS PUBLISHING & DISTRIBUTING GROUP
福建科学技术出版社
FUJIAN SCIENCE & TECHNOLOGY PUBLISHING HOUSE

图书在版编目（CIP）数据

年度家装好设计.餐厅 玄关走廊 隔断设计/锐
扬图书编.—福州：福建科学技术出版社，2015.1
　　ISBN 978-7-5335-4651-9

　　Ⅰ.①年… Ⅱ.①锐… Ⅲ.①住宅－餐厅－室内装修
－建筑设计②住宅－门厅－室内装修－建筑设计③住宅－
隔墙－室内装修－建筑设计 Ⅳ.①TU241

　　中国版本图书馆CIP数据核字（2014）第235930号

书　　名	年度家装好设计·餐厅 玄关走廊 隔断设计
编　　者	锐扬图书
出版发行	海峡出版发行集团
	福建科学技术出版社
社　　址	福州市东水路76号（邮编350001）
网　　址	www.fjstp.com
经　　销	福建新华发行（集团）有限责任公司
印　　刷	福建彩色印刷有限公司
开　　本	889毫米×1194毫米　1/16
印　　张	6
图　　文	96码
版　　次	2015年1月第1版
印　　次	2015年1月第1次印刷
书　　号	ISBN 978-7-5335-4651-9
定　　价	29.80元

书中如有印装质量问题，可直接向本社调换

Contents 目录

印花壁纸

餐厅

米色玻化砖

黑镜装饰线

木质踢脚线　　　　肌理壁纸

················ 印花壁纸

　　仿古砖仿造以往的样式做旧,用带着古典的独特韵味吸引人们的目光。为体现岁月的沧桑,历史的厚重,仿古砖通过样式、颜色、图案,营造出怀旧的氛围,色调则以黄色、咖啡色、暗红色、土色、灰色、灰黑色等为主。仿古砖蕴藏的文化、历史内涵和丰富的装饰手法,使其成为欧美市场的瓷砖主流产品,在国内也得到了迅速的发展。仿古砖的应用范围广并有墙地一体化的发展趋势,其创新设计和创新技术赋予仿古砖更高的市场价值和生命力。

参考价格: 800mm×800mm 95~160元

················ **仿古砖**

石膏板拓缝

木质花格

仿古砖　　　　　　　　　　　　　　　　马赛克

仿古砖

车边银镜

白色乳胶漆

木质装饰线

茶色镜面玻璃

米色大理石

有色乳胶漆

水曲柳饰面板

印花壁纸

马赛克

白色乳胶漆

黑色人造大理石踢脚线

羊毛地毯

车边银镜

水晶装饰珠帘

有色乳胶漆

木质踢脚线

肌理壁纸

沙比利金刚板

有色乳胶漆

黑色烤漆玻璃

木质踢脚线　　　　　　　　　　　　　　　　　　　　　　　　　红樱桃木饰面板

木质搁板

雕花清玻璃

红樱桃木饰面板

直纹斑马木饰面板

有色乳胶漆

红樱桃木金刚板

条纹壁纸

有色乳胶漆

红樱桃木饰面垭口

仿古砖

米色釉面墙砖 ·······················●

马赛克 ·······················

亚光砖, 在强光照射下对人的眼睛比较好, 而且那样的视觉效果也是很好的, 因此有些人认为亚光砖优于抛光砖, 也更有品位。由于放射性物质无色无味, 日常生活中人们根本无法直接辨别哪些瓷砖辐射会超标, 所以在装修时尽量不要将室内全部用瓷砖装饰。如果要选瓷砖, 最好选择亚光砖。如果使用了抛光砖, 平时家中尽量开小灯, 要尽量避免灯光直射或通过反射影响到眼睛。

参考价格:800mm×800mm 120~200元

亚光砖 ·······················●

彩绘玻璃

米色玻化砖

木质装饰横梁

米色网纹大理石

米色亚光玻化砖

印花壁纸

木质装饰横梁　木质踢脚线

有色乳胶漆

白枫木饰面板

深啡网纹大理石踢脚线

黑镜装饰线

印花壁纸

有色乳胶漆

木纹大理石

米色玻化砖

白色玻化砖

木质踢脚线

白色乳胶漆

木质踢脚线

木质格栅 ·········

米色网纹玻化砖 ·········

灰白色网纹玻化砖 ·········

白枫木格栅

印花壁纸

白色乳胶漆

木质踢脚线

光照强烈的位置建议用大理石做踢脚线，如果要大气或者客厅也选择采用大理石，那么可以考虑采用大理石倒角做踢脚线，很大气、很耐用。踢脚线的高度也是有讲究的，要根据整个布局的高度选择踢脚线。

参考价格：每平方米150~500元

大理石踢脚线

木质踢脚线

印花壁纸

热熔玻璃

有色乳胶漆

木质花格

条纹壁纸

沙比利金刚板

有色乳胶漆

木纹大理石

肌理壁纸

装饰银镜

米色亚光玻化砖

木质踢脚线

白色玻化砖

茶色烤漆玻璃 ....

米黄色玻化砖 ....

红樱桃木饰面板 ....

米色亚光玻化砖

木质窗棂造型

马赛克

仿古砖

木质搁板

木质踢脚线

艺术玻璃

米色亚光玻化砖

米色玻化砖

桦木饰面板

黑色烤漆玻璃

木质踢脚线

实木装饰立柱

车边银镜

白色乳胶漆

米色网纹大理石

木质装饰线

印花壁纸

米色玻化砖

白色人造大理石

车边银镜 ......

使用装饰镜面来美化居室，能使居室在视觉上更加美观舒适。根据居室的不同光线，选用蓝色片或茶色片，像釉面砖一样黏贴在沙发上方的墙面上，形成一个玻璃镜面幕墙。为了使墙面装饰更富有立体感，还可通过对镜面进行深加工，如磨边、喷砂、雕刻，用镶、拼等手法装饰。在光照折射下，整个居室会如同"水晶宫"般透亮。

参考价格: 每平方米60~80元

装饰镜面 ......

灰白色网纹玻化砖 ......

车边银镜

仿古砖

米黄大理石

红樱桃木饰面板

白色乳胶漆

黑色人造大理石踢脚线

木质装饰线

米黄色玻化砖

白色乳胶漆 ⋯⋯⋯⋯⋯⋯⋯⋯⋯⋯

白色玻化砖 ⋯⋯⋯⋯⋯⋯⋯⋯⋯⋯

密度板拓缝 ⋯⋯⋯⋯⋯⋯⋯

米黄色亚光玻化砖

车边银镜

彩绘玻璃

木质踢脚线

　　木纹大理石表面花纹看起来像木板，自然逼真、美观大方。有黑木纹，还有米黄底等其他颜色，纹路均匀，材质富有光泽，石质颗粒细腻均匀，色彩大气，质感柔和，美观庄重，格调高雅，是装饰豪华建筑的理想材料，也是艺术雕刻的传统材料。

参考价格：每平方米350元

木纹大理石

有色乳胶漆

雕花银镜

米色洞石

木质踢脚线

米黄色玻化砖

胡桃木装饰立柱

米色玻化砖

木质装饰假梁

车边银镜

白枫木饰面板拓缝

肌理壁纸

木质踢脚线

红樱桃木饰面板

木质踢脚线

木质格栅吊顶 ·······

木质踢脚线 ·······

黑色烤漆玻璃 ·······

水曲柳饰面板 ·······

木质窗棂造型

灰白洞石

·········· 木纹大理石

········· 装饰银镜

········· 条纹壁纸

车边银镜

黑胡桃木饰面板

米黄洞石

米色玻化砖

印花壁纸

胡桃木饰面垭口

有色乳胶漆

水曲柳饰面板

条纹壁纸

黑色烤漆玻璃

马赛克

有色乳胶漆

车边银镜

马赛克

印花壁纸 ··············

彩绘玻璃是目前家居装修中较多运用到的一种装饰玻璃。彩绘玻璃图案丰富亮丽，居室中彩绘玻璃的恰当运用，能较自如地创造出一种赏心悦目的和谐氛围，增添浪漫迷人的现代情调。目前市场上的彩绘玻璃有两种，一种是经过现代数码科技输出在胶片或合成纸上的彩色图案画的艺术品，和平板玻璃经过工业黏胶黏合而成；还有一种是纯手绘彩绘玻璃，属于传统工艺。

参考价格：每平方米380~600元

彩绘玻璃 ··············

木纹玻化砖

木质装饰线贴钢化玻璃

白色乳胶漆

云纹大理石

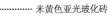

米黄色亚光玻化砖

泰柚木饰面板

文化砖

米色玻化砖

红樱桃木饰面板

有色乳胶漆

印花壁纸

仿古砖

印花壁纸

木质格栅

有色乳胶漆

　　外观有无色透明的,着色透明的,半透明的,带金、咖啡色的。具有色调柔和、朴实、典雅、美观大方、化学稳定性强、冷热稳定性好等优点,而且还有不变色、不积尘、容重轻、黏结牢等特性。由于反光性强的特点,常用来装饰背景墙等,是目前潮流的安全环保建材。它算是最小巧的装修材料,组合变化的可能性非常多,一般装饰采用纯色或点缀的铺贴手法。

参考价格: 320mm×320mm×8mm 58元

镜面马赛克

木质踢脚线

有色乳胶漆

木质踢脚线

米色亚光玻化砖

黑色烤漆玻璃

白枫木装饰立柱

皮革软包

大理石罗马柱

深啡网纹大理石波打线

木质踢脚线

热熔玻璃

有色乳胶漆

白枫木装饰线

木质搁板

有色乳胶漆

有色乳胶漆

玄关走廊

马赛克

米色玻化砖

有色乳胶漆

米黄色玻化砖

伯爵黑大理石波打线

实木装饰立柱

黑色人造大理石踢脚线

木质花格

胡桃木饰面板

黑色烤漆玻璃

红樱桃木饰面板 ……………

装饰线条在室内装饰装修工程中是必不可少的配件材料，主要用于划分装饰界面、层次界面、收口封边。装饰线条可以强化结构造型，增强装饰效果，突出装饰特色，部分装饰线条还可起到连接、固定的作用。木质线条造型丰富，可塑性强，制作成本低廉，从材料上分为实木线条和人造复合板线条，从形态上又分为平板线条、圆角线条、槽板线条等。

参考价格：35~70元/根

木质装饰线 ……………

文化石 ……………

文化石

雕花黑色烤漆玻璃

马赛克

仿古砖

印花壁纸

木质踢脚线

黑色人造大理石踢脚线

米黄大理石波打线

白枫木饰面板

桦木金刚板

木质搁板

白枫木装饰立柱

红樱桃木饰面垭口

印花壁纸

云纹大理石

实木浮雕

桦木金刚板

车边银镜

印花壁纸

伯爵黑大理石踢脚线

深啡网纹大理石波打线 ·············

雕花银镜 ·············

仿古砖 ·············

黑色人造大理石踢脚线

木质窗棂造型

马赛克

条纹壁纸

木质踢脚线的作用: 其一是美观, 能够与地板相呼应, 使墙面与地板间有过渡, 起到色彩过渡和衔接的装饰作用; 其二能起到固定地面装饰材料, 掩盖地面装饰材料的伸缩缝和施工中的加工痕迹, 提高地面装修的整体感, 保护墙角易受损伤的部位, 保证墙体材料正常使用的作用; 其三是以防主人在清洁时把拖把上的灰尘蹭到墙上留下黑印等。

参考价格: 1850mm×76mm×15mm40元/米 (实木)

木质踢脚线

桦木饰面板拓缝

有色乳胶漆

深啡网纹大理石踢脚线

车边银镜

文化砖

桦木金刚板

深啡网纹大理石波打线

米色玻化砖

云纹大理石　　　　　　　仿古砖

印花壁纸

雕花银镜

印花壁纸

木质踢脚线

雕花银镜 ·····

米色玻化砖 ·····

有色乳胶漆 ·····

伯爵黑大理石踢脚线 ·····

木质花格

印花壁纸

灰白洞石　　　　　　　　　　　　木质踢脚线

有色乳胶漆

黑色镜面玻璃

酒红色烤漆玻璃装饰线

车边银镜

木质花格贴银镜 ········

　　室内可使用白色乳胶漆粉刷，白顶、白墙，既清静又适合搭配任何颜色家具。乳胶漆与普通油漆不同，它是以水为介质进行稀释和分解，无毒无害，不污染环境，无火灾危险，施工工艺简便，消费者可自己动手涂刷。乳胶漆结膜干燥快，施工工期短，节约装饰装修施工成本。白色高级乳胶漆还可随意配饰各种色彩，随意选择各种光泽，如亚光、高光、无光、丝光、石光等，装饰手法多样，装饰格调清新淡雅，涂饰完成后手感细腻光滑。

参考价格：立邦净味120五合一套装（面漆5L×2+底漆5L×1）720元

白色乳胶漆 ········

热熔玻璃 ········

仿古砖

米色洞石

米黄大理石

深啡网纹大理石波打线

木质装饰假梁

有色乳胶漆

木质踢脚线

印花壁纸

有色乳胶漆

木质窗棂造型

白色乳胶漆

木质踢脚线

米色亚光玻化砖　　　　　　　　木质踢脚线

印花壁纸

车边银镜

白橡木金刚板

木质踢脚线

胡桃木饰面板 ············

米色玻化砖 ············

胡桃木饰面板 ············

白色玻化砖 ············

雕花灰镜

密度板拓缝

红樱桃木饰面板吊顶

黑晶砂大理石踢脚线

乳胶漆与普通油漆不同，它是以水为介质进行稀释和分解，无毒无害，不污染环境，无火灾危险，施工工艺简便，消费者可自己动手涂刷。乳胶漆结膜干燥快，施工工期短，节约装饰装修施工成本。高级乳胶漆还可随意配饰各种色彩，随意选择各种光泽，如亚光、高光、无光、丝光、石光等，装饰手法多样，装饰格调清新淡雅，涂饰完成后手感细腻光滑。

参考价格：立邦净味120五合一套装（面漆5L×2+底漆5L×1）720元

有色乳胶漆

条纹壁纸

装饰银镜

米色玻化砖

装饰银镜

米黄色网纹玻化砖

黑白根大理石

白枫木百叶

印花壁纸

木质装饰线

茶色镜面玻璃

马赛克

木质踢脚线

木质踢脚线

皮革软包

米色大理石

伯爵黑大理石踢脚线

白色乳胶漆

白色亚光玻化砖

泰柚木金刚板

木质踢脚线

酒红色烤漆玻璃

印花壁纸

木质花格贴茶镜

桦木金刚板

木质花格

有色乳胶漆

伯爵黑大理石

手绘墙饰

印花壁纸

桦木饰面垭口

镜面马赛克

有色乳胶漆

木质窗棂造型

木质踢脚线

白橡木金刚板

白色乳胶漆 ....

深啡网纹大理石踢脚线 ....

> 米色墙砖能很好地协调居室内的色彩设计，而且贴墙砖是保护墙面免遭水溅的有效途径。它们不仅用于墙面，还用在门窗的边缘装饰上，也是一种有趣的装饰元素。用于踢脚线处的装饰墙砖，既美观又保护墙基不易被鞋或桌椅凳脚弄脏。
>
> **参考价格：800mm×800mm 120~200元**

米色墙砖 ....

印花壁纸

有色乳胶漆

有色乳胶漆

沙比利金刚板

装饰银镜

深啡网纹大理石踢脚线

有色乳胶漆

木质踢脚线

石膏板拓缝

米黄色亚光玻化砖

米色玻化砖

木质踢脚线

车边银镜

茶色镜面玻璃

米色亚光玻化砖

木质踢脚线

米色玻化砖

装饰银镜

白橡木金刚板

艺术墙贴

印花壁纸 ···

黑色烤漆玻璃 ·····································

印花壁纸 ···

条纹壁纸

木质踢脚线

深啡网纹大理石

木质踢脚线

车边银镜作为一种装饰用镜而存在，给人以坚毅、内敛、低调的感觉，极具有装饰效果，还有助于调节室内光亮。车边是指在玻璃（包括镜子）的四周按照一定的宽度，车削一定坡度的斜边，看起来具有立体的感觉，或者说是具有套框的感觉。

参考价格：每平方米500~700元

车边银镜

仿古砖

木质踢脚线

热熔玻璃

彩绘玻璃

木质花格

印花壁纸

木质踢脚线

白色乳胶漆

米色亚光玻化砖

木质踢脚线

车边银镜

白色人造大理石

木质花格贴茶镜

有色乳胶漆

水曲柳饰面板

红樱桃木金刚板

手绘墙饰

水晶装饰珠帘

不锈钢踢脚线

白色乳胶漆

松木板吊顶

仿古砖

车边灰镜

米色亚光玻化砖

有色乳胶漆

木质窗棂造型吊顶

印花壁纸

米色大理石

有色乳胶漆

白色乳胶漆

木质踢脚线

有色乳胶漆

木质踢脚线

有色乳胶漆

白枫木饰面垭口

条纹壁纸

木质踢脚线

密度板拓缝

文化砖 ·············

压花烤漆玻璃，是一种极富表
现力的装饰玻璃品种，其附着力极
强，健康安全，色彩选择性强，耐污
性强，易清洗。其花纹肌理造型、浓
与疏的效果展现不同的韵味，能够体
现高贵柔和的效果，也能给人以半透
明、模糊的效果，个性设计能够无限
展露。

参考价格: 每平方米120~200元

压花烤漆玻璃 ·············

白色乳胶漆 ·············

米色玻化砖

木质花格

米黄色亚光玻化砖

装饰银镜

木质花格

有色乳胶漆

印花壁纸

钢化玻璃

隔 断

马赛克

木质踢脚线

白色人造大理石拓缝

木质花格

钢化玻璃

　　艺术玻璃的画面绚丽不失清雅,生动不失精致,超凡脱俗,美轮美奂。其别具一格的造型,丰富亮丽的图案,灵活变幻的纹路,抑或古老的东方韵味,抑或西方的浪漫情怀。它融入了现代室内装潢的气氛,与色彩和周围的设计语言,及现代人的生活经验更完整、更和谐地结合。

参考价格:每平方米700-1000元

艺术玻璃隔断

仿古砖

木质窗棂造型

木质花格　　　　　　白橡木金刚板

白橡木金刚板

有色乳胶漆

白色玻化砖

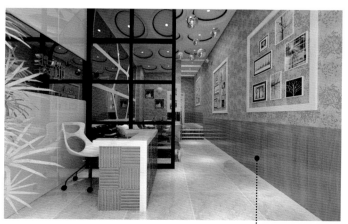

水曲柳饰面板

木纹玻化砖

仿古砖

羊毛地毯

有色乳胶漆

灰白色网纹玻化砖

胡桃木装饰立柱

米黄大理石 ·········

伯爵黑大理石波打线 ·········

铁艺隔断 ·········

木质花格

米色玻化砖

木质花格

艺术地毯

红樱桃木装饰立柱

木质花格

木质踢脚线

仿古砖

木质花格 ·········

虽然垭口是家装中的小细节，但是装修的最终效果正是由各个细节构成的，因此对其设计也绝不能放松。胡桃木垭口的应用要根据整体的装修风格来确定，造型与色彩要与空间相吻合，使其与周遭环境完美融合在一起。天然的木材纹理，营造着一种大自然的清新感觉。

参考价格：130元/米

胡桃木装饰垭口 ·········

热熔玻璃 ·········

木质花格

木质格栅

白枫木装饰立柱

鹅卵石

木质花格

黑白根大理石

木质花格

仿古砖

木质踢脚线

白色玻化砖

木质花格

黑镜装饰顶角线

木质花格

伯爵黑大理石波打线

木质窗棂造型

装饰银镜

木质花格

米色玻化砖

热熔玻璃

木质花格

木质花格

水晶装饰珠帘

白枫木饰面板拓缝

木质踢脚线

皮纹砖

白色玻化砖

冰裂纹玻璃

装饰珠帘可以作软隔断装饰；当然若需要营造氛围的话，也可以作墙面装饰，非常富有个性特色。装饰珠帘有不同材料，可以根据居室内的装修设计选择不同式样、不同材质的珠帘，如水晶珠帘、亚克力珠帘、金属珠帘、木竹珠帘、玉石珠帘、贝壳珠帘等等。

参考价格：水晶珠帘60条×2500mm×3000mm 350元

装饰珠帘

木质花格

有色乳胶漆

黑色镜面玻璃

木质窗棂造型

云纹大理石

木质花格

雕花银镜

米色玻化砖

钢化玻璃

仿古砖

装饰银镜

木质窗棂造型

深啡网纹大理石波打线

白枫木装饰立柱

木质踢脚线

泰柚木金刚板

木质花格

木质窗棂造型

印花壁纸

钢化玻璃

用实木立柱来装饰，其实木纹理适用面广，无论主人的年龄大小，家居的风格古典抑或现代，都可以将木材天然的纹理融入其中。特殊的图案本身就包括了原始和现代的设计风格，可以运用到各种材质上，和各种家居环境的搭配也比较简单。

参考价格：根据工艺要求议价

实木装饰立柱

米色亚光玻化砖

轻钢龙骨装饰假梁

白枫木饰面板拓缝

米色玻化砖

白桦木金刚板

雕花银镜

木质窗棂造型

条纹壁纸

木质花格

木质窗棂造型

松木板吊顶

有色乳胶漆

深啡网纹大理石波打线

泰柚木饰面板